INK

INK INK INK INK INK INK
NK INK INK INK INK INK IN
INK INK INK INK INK INK
NK INK INK INK INK INK IN
INK INK INK INK INK INK
NK INK INK INK INK INK IN
INK INK INK INK INK INK
NK INK INK INK INK INK IN
INK INK INK INK INK INK
NK INK INK INK INK INK IN
INK INK INK INK INK INK
NK INK INK INK INK INK IN
INK INK INK INK INK INK
NK INK INK INK INK INK IN
INK INK INK INK INK INK
NK INK INK INK INK INK IN
INK INK INK INK INK INK
NK INK INK INK INK INK IN
INK INK INK INK INK INK
NK INK INK INK INK INK IN
INK INK INK INK INK INK
NK INK INK INK INK INK IN
INK INK INK INK INK INK

開運魔法釀

自製蔬果益生酵素

王莉民 著

目次

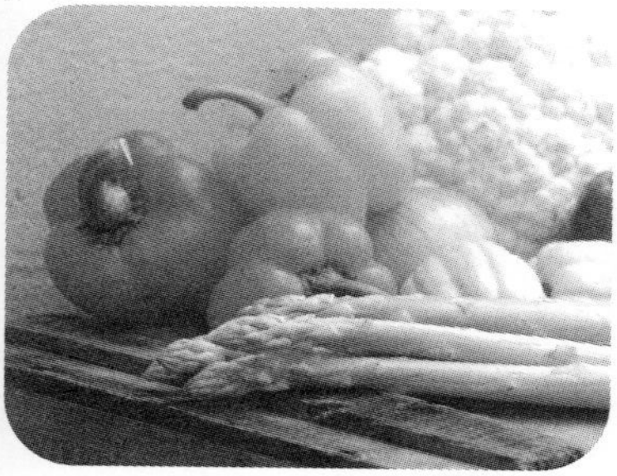

第一章
酵素是什麼

酵素是什麼？凡是活著的有機體，包括動植物體內，都存在著酵素。科學家把酵素解釋成一種蛋白質，對所有機體的反應，例如：消化、生長、新陳代謝……有催化作用，是一切機體活動的觸媒。簡單的說，如果沒有酵素，機體就動彈不得，酵素不足就缺乏活力。

酵素是活的，我把它定義成益生菌。在我們的生活環境裡，水中、空氣中或是任何有機體的體內，共生著各種細菌。有些對機體有益稱作「益菌」，有些對身體有害稱作「害菌」。當益菌和害菌在機體內自然平衡時，即害菌數量極微不致生病，就能相安無事；萬一害菌過多，就會造成機體的不適，招致各種疾病。而空氣中某種害菌過量也會造成各種傳染病。

吃什麼、吃多少不重要，重要的是吸收了多少

酵素的演化，或說健康養生食品的演化我有一些個人的看法。我們吃東西，主要是維持生命和成長，也兼具有抗病養生的功能。最早就有人提出每天只要吃二十多種植物就不會致癌。這說法雖然沒有進一步的資料或統計證明是否有效，但至少達到了均衡飲食的目的。

其實吃多少東西並不重要，重要的是能不能充分的消化、吸收。每天吃二十多種植物，我們腸胃的負擔會不會

太重？能消化嗎？吸收了多少？為了減輕腸胃的負擔，健康食品採萃取食物的精華方式製作出：香菇精、蒜頭精、人蔘精、雞精……只吃精華有用的部分，重質不重量，可以獲得足夠的營養，又能減輕腸胃的負擔。

酵素優於奈米化

近年新的養生理論指出，每種生物都自成一完整的周天，例如橘肉生痰、橘皮化痰，荔枝果肉上火、果殼降火……如果只吃萃取部分，就會有一些營養流失而無法達到預期的補養。於是發展出兩條路線，一條是用科學的方法，把食物分子切割成極小的單位「奈米」，以利吸收，這過程稱作「奈米化」。雖然奈米化可以吸收到完整的營養，卻少了活菌的功能。另一種則利用益菌把食物分解成簡單的分子，再吃下肚，不但保存了完整的營養，還有益菌的推波助瀾，吃得更營養更健康。

酵素即是蔬果益生菌發酵液

利用益菌發酵分解再攝食，這種飲食方法，我們的祖先早就會做了。例如：牛奶發酵成起司或優酪乳，其中的鈣質變成了乳酸鈣，乳酸鈣就比牛奶中的鈣質容易吸收。甜酒釀是利用糖化酵素（根霉菌）把糯米中的澱粉（多醣類）分解成葡萄糖（單醣）。豆腐乳、水豆豉、納豆是把黃豆中的植物性蛋白質分解成小分子的氨基酸以利吸收。醋蛋則是把蛋泡在醋裡，讓醋酸菌把蛋殼中的鈣分解成醋酸鈣，否則蛋殼怎麼能吃？

前面提及的優酪乳、起司、甜酒釀、豆腐乳、水豆豉、納豆、醋蛋等，發酵時所用的觸媒有乳酸菌、根霉菌、醋酸菌、蛋白質分解酵素、脂肪酶……統統都是活的，也都是對身體有益的細菌，即是我們統稱的酵素或益菌。

釀酒的發酵過程中，最重要的就是溫度，最適合益菌生存、生長繁殖的溫度就是我們的體溫。我釀酒時總是用手試溫度，手摸著燙就會把酵母燙死，太涼發酵就比較慢，一般酒訣中有糖化酵素、酒化酵素，統稱為釀酒酵母。現在我們製造的酵素是集合了許多益菌，加上草本植物本身的功能療效而成，所以也怕高溫，遇到高溫即使養分還在，活菌卻死了。

我們平常吃的東西，都煮沸到一〇〇℃以上，在高溫滅菌的過程中益菌和害菌同時都被殺死了，熟食吃不到活菌，才有人提倡生機飲食。

酵素比生機飲食更好

生機飲食大部分是素食，因為植物機體溫度低，適合益菌存活，而害菌適合生存的溫度較高，動物的體溫比人體高，因此動物體內害菌較多。在有限的空間裡，強者愈強，弱者愈弱，所以在地面上的動物不適合生食，水中的魚類體溫較低，比較可以生食。

生機飲食的好處是能夠多吃一些活的益菌，但仍存在著腸胃是否能消化吸收的老問題。另外生機飲食還有一個缺點，就是長期吃生冷的食物，體內沒有熱能，會變成虛寒體質，虛寒體質的人手腳冰冷，女性還會引起月經延期、發育不良、經痛、頭痛等經期症候群。

經過演變和改良，現在市面上風行的酵素，其實就是甜酒釀、豆腐乳、納豆、醋蛋等發酵食品的延伸，把一種食物發酵擴大到更多種類、更多功能，主要依植物的食療效果，分類成治病、養生、排毒、減肥、美白……製成各種不同功能的酵素。

自由基是老化的原凶

動物的壽命，可以由受胎後懷孕的時間長短來推算。例如貓狗懷孕期為兩個月，壽命約為十～十五歲，人類懷胎十月，壽命約為一百二十歲～一百五十歲。科學也證實，人體細胞在不受任何傷害的狀態下，細胞的壽命至少有一百二十歲，以此推論，每個人活到一百二十歲是正常，活到一百五十歲算高壽。而現代人活到九十歲、一百歲就稱人瑞了，為什麼人類活不到標準年限呢？

造成人類機體衰老和疾病的元凶，就是活化氧，即是我們俗稱的自由基。自由基是氧氣被機體吸收後，在分子階段所產生的活化性物質。當機體的情況正常，或年輕有活力時，自由基對身體並無影響；但是由於飲食不當，自由基過多，超過機體所能消滅的範圍時，問題就來了，殘留在體內的自由基，會出現生物膜脂質氧化反應，而生出更多的自由基。正常人在二十五歲以前機體所製造的超氧化物歧化酶可以充分中和自由基；中年以後，年齡越長，體內堆積製造的自由基越多，就會逐漸引發衰老和各種疾病。

酵素是自由基的剋星

自由基的確是阻害我們青春不老、長命百歲的大敵。在外貌上自由基會使我們變老變醜，皮膚鬆弛、粗糙生斑……，在體內會產生足以致命的癌症、高血壓、心臟病、血管硬化……。還好老天待我們不薄，生活中有許多唾手可得的抗老食物。

食物中凡是含有抑制氧化作用的物質都是抗氧化食物，如維他命E、A、C都是重要的抗氧化物。這些抗氧化物貯存在黃綠色蔬菜、水果、綠茶、芝麻、核果及魚貝類中。這些食物不但是機體製造超氧化歧化酶的原料，也能直接增強機體的抗氧化能力。

酵素能夠結合體內自由基，排出體外，達到體內環保的目的。酵素是許多活菌和養分的組合，活菌的生存也需要氧，堆積在體內的活化氧找不到出口，剛好成為酵素的動能，製造超氧化歧化酶，對抗自由基。

酵素的功能包羅萬象

我常煮藥茶，每次分送朋友，總會有人問一句：「這茶有什麼用？」我的回答是：「百病都治，百病不治。」怎麼說呢？「病來如山倒，病去如抽絲」，真正患病時要馬上治好不是不可能，而是一定會有副作用。西醫說預「防勝於治療」，中醫說

「上醫醫未病，庸醫醫已病。」喝酵素保養身體百病都治，功能包羅萬象，只是病去如抽絲，慢慢才會痊癒。

酵素治便祕效果最明顯

輕微便祕的人，只要喝些優酪乳，就能通暢輕鬆。許多益菌都有清腸通便的功能，酵素裡的益菌種類多不可數，清腸通便的效果更佳。我的朋友中，喝酵素解決便祕的實例超過五十人以上。

我自己每天喝三十毫升酵素，覺得身體各方面的狀況都有進步，介紹給釀酒班的學員，大家都覺得很棒。老劉一時貪心，喝了兩百毫升，一天之內上了五次大號，卻不是拉肚子，有了這個活生生的例子，大家都以為酵素不會傷腸胃。

但再好的東西也是過猶不及的，有一回我在飛機上喝了一杯冰水，下飛機時肚子就不太舒服，第二天早餐後還是照慣例喝了三十毫升酵素，中午時肚子絞痛，又腹瀉，吃了三次正露丸才好。之後一個星期都沒敢喝酵素。

清腸之後，身輕如燕

堆積在腸壁上的食物渣滓，西醫稱作「宿便」。中醫的範圍較廣，從我們的食道至小菊花，所有堆積在消化道管壁上的食物渣滓，都稱作「積食」。一個人體內的積食最多可達十二公斤。除非一天上三次大號，否則吃進去的食物在體內超過十八小時都稱作積食。

酵素裡面的益菌有些能軟化積食，有些能促進腸蠕動，因此喝酵素最明顯的就是體重減輕，肚子變小。大腹便便的人，一定行動遲緩容易累。理由很簡單，我們上身有肋骨，下身有骨盤支撐身體的重量，只有中段腰腹間靠一根細細的脊椎骨支撐，所以肚子越大脊椎骨的負擔就越重。想想看脊椎骨上吊了十幾二十公斤的肥肉怎麼會不累？怎麼會不腰痛？喝酵素只要一兩個星期，腹部瘦一圈，體重也輕了，就有身輕如燕的感覺，無便一身輕，不是嗎！

另外要補充一點，醫學已證明宿便會引起老人痴呆。胃主消化，腸主吸收，腸壁上佈滿了全身的穴道，會把宿便吸收回體內。這些廢毒素到關節就引起關節炎，到腦裡就引起老人痴呆。

風濕痛、關節炎，酵素也能治

古代人要工作很久，才能得到一點點食物，一有食物下肚，在胃裡消化完成進入小腸，大腦立刻緊張得通知小腸趕快吸收，趕快貯存起來。自工業革命以後，人類許多粗重的工作都交給機器，生活越來越輕鬆，幾乎過著茶來伸手，飯來張口的日子。但是腦袋卻還沒有轉過來，仍然停留在有一頓沒一頓的記憶中，吃了東西，還是通知小腸趕快吸收貯存起來。由於現在沒有那麼的粗活消耗養分，在體內越積越多，過多的養分不但會造成肥胖，時間久了，變成堆積的廢毒氣，還會引起各種病痛。

生病就是體內有排不出來的垃圾。這些垃圾堆積在消化道管壁上、血管壁上和骨骼關節中，對身體有各種不同的傷害，在骨骼、關節中的，遇到濕冷、風邪入侵，就變成風濕、關節炎，身體成了氣象台，氣候變化時苦不堪言。

酵素可以吃掉或者說分解堆積在體內的廢毒素，再排出體外。所以只要有恆心、有耐心，喝一個月酵素就能感覺到進步，尤其最好是在夏天喝酵素，慢慢把體內的廢毒素消除，冬天濕冷的氣候來臨時，不再受苦受難。

酵素治痛風，需要時間和耐心

以前認為男性得痛風的比例比女生高出七八倍，許多男性應酬多，吃肉、喝酒造成尿酸高，痛風發作都在腳的大拇趾。近年發現女性痛風也不少，因為女性坐著的時間比較長，尿酸堆積在骨盤大腿骨和膝關節，常常類似坐骨神經痛和膝蓋痛。有些女性停經後還容易患骨質疏鬆，起初半夜常會抽筋，嚴重的容易骨折。所以女性自更年期開始要吃骨膠原和鈣片保養骨骼。

我有朋友四十出頭，就罹患了痛風，我常說他們活該，酒家跑太多了。後來有個朋友嚴重到小腿紅腫，不能走路，被醫生規定要長期服藥。但吃藥也沒什麼用，不但時好時壞，還掉頭髮、偏頭痛，毛病一大堆。之後買了某傳銷的酵素，吃了半年，紅腫消了，也能走路了。

那個朋友喝了半年多，算起來花了不少錢。我教他太太做酵素，現在他們一家四口天天喝酵素，一個月省兩萬多，還真不錯呢！

化療後喝酵素可減輕不適

老劉的主管，是個年輕的小帥哥，四十出頭罹患了直腸癌，手術後，三天兩頭化療，變成禿頭、精神委靡、面黃肌瘦的小老頭。傳銷的朋友介紹他喝酵素，他起初不信，經不起業務人員三寸不爛之舌大力鼓吹，勉強買了一瓶，化療後喝五十毫升酵素，身體的不適疼痛減緩很多，於是就長期喝酵素，還參加會員。現在頭髮長出來了，癌症好了，又變回小帥哥了。

更年期的女性服用荷爾蒙，日後罹患乳癌的機率是平常人的一倍以上。但是相較更年期症候群帶來的不適，有些醫生認為還是值得冒險服用荷爾蒙。美國人最怕痛，有一點不舒服就哀。所以許多美國醫生仍然開荷爾蒙給更年期的女性服用，美國女性罹患乳癌的也比比皆是。

自從我聽到老劉主管的例子，只要聽說有人罹患癌症，我就做一瓶酵素送他。喝得好，我就教他怎麼做，沒時間沒興趣學的，我也建議他去市場上找找，看哪個廠牌不錯，就買來喝，把酵素當作終身保養品。

酵素改善過敏體質

女兒在台灣時因過敏體質一到冬天就氣喘發作，到美國後氣喘竟然不藥而癒。南加州的氣候環境的確很舒服，夏天不太熱，冬天不太冷，天氣乾爽涼快，我好像已經有好幾年都沒有開冷氣了。

這麼好的環境，也還是有人會過敏。奇怪的是剛來美國的人什麼病都好了，在美住了二、三十年，到了春天卻人人打噴嚏、流鼻水，大家都對花粉過敏。剛來幾年我也好好的，這幾年春、夏的晚上耳朵、鼻子、眼

睛、喉嚨常常會發癢，早晚會打噴嚏、流鼻水，我本以為是家中養貓過敏，自己配了小青龍湯和川芎茶調散吃兩三天就好了，但過了幾天又犯了。朋友告訴我在美國住久了，就會得這種枯草熱，而且前兆都是七竅發癢，很多人喝酵素會改善。

因為我平常接觸太多的營養品，吃什麼都只有幾天的熱度，時間一久就忘了，或者又吃別的，而且我相信自己每天飲食很均衡，平常保養得好有恃無恐，任何營養品都沒有長時間持續的吃，喝酵素也一樣，總是兩三天才想起來喝一次。聽朋友說酵素可以改變過敏體質，何況原湯化原食，用當地的植物做的酵素，一定有效，我很認真的喝了一個月，不知不覺中也就好了。

我在台灣的朋友也告訴我，他們的孩子以前一到冬天就如臨大敵，小心翼翼的怕氣喘發作，喝酵素以後冬天發作的頻率降低很多，而且什麼喉嚨痛、氣管炎也好了，所以我們都相信酵素可以改善過敏體質。

酵素提高生活情趣

我們經常聚在一起八卦的姊妹淘，已經有一半以上的人停經了，常有人抱怨停經後比較乾澀，和老公辦事時會很痛，有時怕老公去外面找美眉，還得假裝高潮。但五十多歲的人怎麼好意思去情趣商店買潤滑劑？後來有人建議每天喝一杯優酪乳，可以改善乾澀的情況，而且優酪乳中的酪酸鈣可以預防骨質疏鬆，真是一舉兩得。不過天氣冷了，我們這些大半輩子吃慣熱食的人，一大早起來喝杯冰冷的優酪乳腸胃又受不了。反正人過中年身體的各種毛病都浮上枱面，日子越來越不好過……

喝了酵素以後，大家的情況都有改進，人人滿面春風，見面時問一句：「好點了嗎？」另一方連連點頭說：「有！有！有！」彼此心照不宣，姊妹淘的感情由此可見一斑。

酵素改運又健康

《易經》是歷史上最偉大的奇書，內容包羅萬象，國運、家運、個人運、醫藥、占卜、算命看相……各門學問都是由《易經》分枝演化而來。中醫看病講求望、聞、問、切，其中望就是觀氣色，相士算命也觀氣色。中醫說臉色反映健康，算命的說氣色反映運勢。

《易經》中的五行，金、木、水、火、土，相應的臟腑是肺、肝、腎、心、脾，相應的顏色是白、綠、黑、紅、黃。所以肝不好的人臉色發青易怒，容易搞砸事情；肺不好的人臉色蒼白，做事沒幹勁；心臟不好的人臉色發紅，不堪大用；脾不好的人飲食不當面黃肌瘦，貪小便宜；腎不好的人臉色發黑，心思深沉。所以身體不好，做事不容易成功。

依照臉色反映五臟的健康狀況，也發現自己做事不成功的問題出在哪裡，再利用五色蔬果做酵素，調理生理、改善氣色，必能達到改運、開運的目的。

「亞健康族群」長期喝酵素，保養身體

如果你去做身體檢查，即使還沒有高血壓、心臟病、脂肪肝……但是健康指數也在臨界點——到了中年大部分的人都是這樣，即所謂的亞健康族群。這時候我真心的建議你，做點酵素，每天喝，好好的保養身體。

酵素除了有億萬個活菌，還保存了草本植物自身的營養，又比一般食物有利消化吸收（已被分解成小分子）。與其每天早中晚吃各種不同大包小包的營養品，不如一杯酵素，一次解決。

第二章
如何做酵素

以手氣試運氣

以前做醃漬發酵的食物有一個說法，就是以手氣試運氣。許多人過年時家中都會做一些醃漬發酵的食物，例如：酸白菜、甜酒釀、醬蘿蔔、發糕……如果都成功，象徵來年有一整年好運；如果不成功，最好自己警惕，行事小心謹慎一些。

發酵食物，我最常做的就是酒釀，每年小年夜做一鍋甜酒釀，除夕晚上打開，如果滿溢酒香，還帶點粉紅色，就心情愉快的想著，我明年要發了。好友桂姊喜歡做發糕，除夕下午蒸出一籠籠的發糕，趕在年夜祭祖前分送親友。如果發糕整整齊齊裂成四瓣，她就很高興；萬一發得不好，也算發了，總還說得過去；就怕發不起來，變成了甜饅頭，她會若有所悟的說：「喔！神明要我惦惦搵發。」我說：「神經病，發不起來，運氣不好還不小心點，還靜靜的發呢。」她會正經八百的說：「ㄟ，要有好的觀想啊！」聽到這種對話，別人不把我們當成兩個迷信的歐巴桑才怪。

這是迷信嗎？其實也不盡然，古人不知道天候，沒有氣象預報，不知道溫度，不懂得益菌、害菌如何繁衍，隨便挑個日子，靠天吃飯，這種情況下能做出很棒的發酵食物，成功率比中獎還低，沒有好運氣，不是豬油桂花手哪行？

選對日子，踏出成功的第一步

其實釀酒造醬，也是要挑日子的。翻開黃曆，上面寫著什麼日子適合開市、裁衣、娶嫁、上樑……也有些日子諸事不宜，還有一個日子，上面寫著「蘊釀」，這就是適合做醃漬發酵食物的日子。萬一你想做酵素，又沒有遇到適合「蘊釀」的日子，至少要找一個乾燥、晴朗又不太熱的日子，絕對不要在雨天，或者大熱天，這種氣候不適合益菌生長、繁衍。

自己在家裡做酵素，和工廠量產的不一樣。工廠要先做滅菌處理，再放酵母菌等益菌，廠房的溫度、濕度、落塵量都控制得非常嚴密，這樣才能確保成功。家裡設備不全，一半靠運氣，反正少量，做壞了只好丟掉。乾燥的時候霉菌少，半密閉的室內沒有風媒傳播細菌，溫度低比較不適合害菌繁殖，依此原則挑好了日子，跨出成功的第一步，以後按部就班，慢慢來，扣緊每個環節，盡人事聽天命。

有機植物越多越好

剛開始做酵素還好興奮，以為是廢物利用，一本萬利，只要用一些廚餘、樹皮草根，就能清水變雞湯。後來越做越「粗本」，雖然是廢物利用，但是花了那麼多功夫，擠出來的汁只有一點點，所費的精神時間和成果相較，實在太划不來了。所以自己做酵素要買一些「汁多」的植物放進來。

市面上販售的酵素，從八、九十種草本、木本、水生植物到二、三十種都有，當然越多越好，我每次做酵素都會記錄所有的材料，挖空心思想出不同的植物來使用，最後加總下來頂多六、七十幾種。

既然酵素的目的是養生，當然

要用有機材料。第一步是把家裡的蔬菜水果改買有機的。果菜中不吃的部分洗淨切碎，當作一部分原料。例如我喜歡吃白花菜，就把白花菜的粗梗切碎做酵素。還有蘿蔔皮、蘿蔔葉子、橘科水果的果皮、蘋果皮、蕃薯皮、蘆筍、青菜、韭菜花、香菇梗……各種蔬果纖維較粗的皮梗，這些是免費的材料。雖然免費，但是汁很少，單用它們做酵素，釀出來的汁少得可憐，因此還得再加一些多汁的材料。

專用鍋子，不要沾油

我的酵素專用鍋是一個直徑三十公分深十八公分的不

銹鋼鍋。先把所有的材料放到鍋裡，看看還有多少空間，再買一些多汁的蔬果放進去，像鳳梨、西瓜、荔枝、葡萄、大白菜、豆芽、洋蔥……儘量不要和之前所用的材料重複，種類越多越好，裝到七、八分滿就差不多了。

基本材料準備好，加一兩湯匙醋，一斤左右的紅糖拌勻。因為每天都要翻攪，有時還要把鍋子提起來抖一抖，所以材料不能放太滿，免得抖的時候飛出來，而且會太重。試試自己的力氣，要在你提得動的範圍。

據我的經驗，紅糖最好買散裝的，先聞聞味道香不香，市面上有賣一斤一包的，味道似乎沒有散裝的香。講究的話還可以買有機的沖繩黑糖。醋一定要用釀造醋，化學合成醋滲透力差，效果差很多。我都用自己釀的米醋，如果沒有自己釀的醋，要買可靠的品牌，不要買到假的釀造醋。

自己做酵素所有材料的成分比例並不重要，也不用擔心各種蔬果混在一起味道不好，這麼多種植物混合起來自然有一種百草百果的清香。放醋是做引子，一兩湯匙就夠了，不必太多。糖放多少則以實際情況添加，只要做出來的香味、口味自己喜歡就好。

當季、當令的蔬果，原湯化原食

做酵素，最好用當地、當令的蔬果。只有醫生治不了的病，用對藥就沒有治不好的病。地球上有一種病，就有一種植物可以治。任何一個地區在地方上流行的病，當地也一定有一種植物可以治，這就是「原湯化原食」的理論。當某地有一種疾病產生時，動物會生病，植物也會生病，植物生病後會從泥土裡吸收抗體，平常吃當地的植物，也可以吃到抗體，預防、抵抗疾病。所以做酵素最好選當地的植物，當令的蔬果處於發展正盛的高峰期，養分最充足，盛產時俗擱大碗，便宜又有效。

三天後開始大量發酵，起泡泡

選好了日子，把紅糖、醋和蔬果拌勻，就放著等它發酵。酵素的觸媒有喜氧菌、半厭氧菌、厭氧菌，所以不要蓋鍋蓋，用一片薄棉布蓋在鍋子上，放在櫥櫃裡即可。大約三天後開始大量發酵，會起很多泡泡，這時用一把乾淨的勺子，不可沾到油，從底到面，徹底的翻攪，然後在最上面撒一層紅糖。

以前釀酒，我喜歡用冰糖，冰糖的口感較好，但做酵素最好用紅糖，紅糖是最生最粗的蔗糖，營養最多，另外紅糖裡有一點二氧化硫，還可以殺菌，據我釀酒的經驗，用紅糖釀酒，會殺死大部分的酵母菌，釀出來的酒酒精濃度極低，有時甚至不來酒。這麼多種植物混在一起，裡面藏著各種不同的生菌，這些生菌交叉繁殖後生出更多的新菌，利用紅糖裡的二氧化硫清除一些也好。所以酵素有一點醋酸，有一點酒精，各種味道很均衡，有很多不同的口感層次。

每天要加糖攪拌

每天都要攪拌一次，攪拌後植物會沉到底下，隔幾小時再浮上來。所以我都是晚上攪，早上撒糖。每天在表面上撒一層紅糖有幾個作用，一是用紅糖裡的二氧化硫殺死一些生菌，免得發酵太快，或某一種生菌太突出。二是阻隔一部分空氣中的細菌再進入酵素裡。另外還有一個作用就是糖發酵時氧氣多就變成醋酸、水、二氧化碳，氧氣少時變成酒精、水、二氧化碳。有些原料纖維多、汁少，如果沒有糖，發酵出來的酵素又乾又酸擠不出多少汁來。到底要放多少紅糖，要以植物裡的糖分多寡而定，糖分多的，自身的糖就分解成醋酸、酒精和水，所以就少放一點糖，反之就多一點。

為什麼要每天攪，每天都要再加糖？因為一次加太多糖高張濃度反應，生菌細胞會因失水而死，少了觸媒，發酵不成，就變成糖水加果菜汁。所以要每天加糖每天攪。

自己做酵素就會發現，糖剛放下去時酵素是甜的，第二天酸味增加，甜味變淡，糖已大部分發酵成醋酸、酒精，這樣重複的攪拌、加糖，要費些時日，天氣熱會快一點，天氣冷慢一點，大約十二至十五天，每天聞聞看，感覺有點要走味了，就得濾出來，裝到瓶子裡。這時候有大部分的植物還沒有完全化光，但是不能貪心，想要繼續發酵，能夠再多一點湯汁。聞到味道有一點不對時，再繼續發酵，百草百果的清香會消失，變成蔬果腐臭味。

兩個星期就可以喝了

濾出來裝到瓶子裡的酵素，已經可以喝了。但是沒喝完的要放冰箱，否則會在最上層浮一些霉，有時白的、有時黑的、有時綠的、有時黏黏的像鼻涕。這時候酵素裡的生菌還沒有完全達到平衡，由於瓶子是肚子大口小，空間少，和外面空氣的接觸面也小，雜菌沒有孳生的空間，所以做好了裝在瓶中沒問題；但當喝掉一點以後，瓶內的空間變大了，一些生命力較強的菌就特別突出。運氣好裡面益菌多就能維持原樣，黑霉菌多就變黑，綠霉菌多就變綠，黏稠菌多就變黏……所有的細菌都是以二的N次方繁殖，一開始數量少差距不大，時間、空間充裕，多的生菌佔的空間越來越多，擠得數量少的生菌漸漸衰亡。而什麼菌特別多，酵素就是什麼樣子。

前面每天加糖、每天翻攪，主要的目的就是希望任何一種生菌都不要太多、發展太快，而漸漸能平衡，因此現在仍然要重複前面的工作，讓生菌能夠在瓶子裡平衡共生。酵素裝到瓶子裡，只裝到八分滿，仍然是在瓶口蓋一層薄棉布。因為還在發酵，不斷的有氣泡產生，沒發酵完成就封口，常常會爆炸。而且每次爆炸都在夜裡，也不是故意要嚇你，因為熱脹冷縮，晚上氣溫低，玻璃瓶在外受冷縮小，裡面的發酵物還沒來得及冷縮，瓶子承受不住就炸了。

發酵兩個月，生菌的生態平衡，才算完成

要讓這些生菌活著，又不能讓其他害菌突然冒出來，

弄得全軍覆沒，繼續加糖、繼續攪的工作大約要維持一個半月。等到沒有氣泡了，加進去的糖，第二、三天之後還是糖，沒有再發酵成醋酸、酒精，口味酸甜適中，這表示酵素裡生菌的生態已經取得了平衡，無論你放冰箱放室溫，放多久都不會變質走味，發酵才算大功告成。

無獨有偶，美國人最怕細菌，美國做乳酪的牛奶一定要高溫殺菌，如果用生乳直接做乳酪，FDA（食品藥物管理局）規定要放兩個月，放兩個月沒變壞才可以上市。也就是說各種生菌在有限的空間裡取得生態平衡穩定，最少要兩個月，在兩個月之內如果壞了就要銷毀。萬一萬一沒放到兩個月，生菌吃下肚後，其中的害菌在體內才大量繁殖，可能食用的人會中毒。我做酵素從開始發酵到兩個禮拜裝瓶，放在瓶子裡再攪一個半月，加起來也剛好兩個月，這和FDA的規定相符並非巧合，而是生菌繁殖演化的周期。

自己做酵素，安全又省錢

剛做酵素時，每次興沖沖的分送至親好友，竟然有人不敢吃。雖然我自己及一些大膽嚐試的朋友都覺得很好，但是我還是會有一點擔心，怕真的有人吃出問題，那我不是慘了。還好看懂想通了發酵平衡的原理，才放心大膽的做酵素，為了安全起見，我自己吃不在乎，要給別人的，一定要放兩個月以上才敢拿出來。其實我得到朋友們的信任也是冒著生命危險換來的。因為我很多事都是一通百通想當然耳，在這講求科學實證的年代，沒有實證只好自己先試。所以我每次研發什麼東西，自己先做白老鼠再擴及家人，再擴到大膽的朋友……不管朋友生什麼病，我建議他們吃藥以前我都自己先試試，現在朋友常笑我刀槍不入，他們不知道我都是為了他們練出來的。

因為這樣，我又想到市面上販售的酵素，到底是不是放了兩個月之後再上市呢？如果沒有放足兩個月，可能有些在貨架上就已經變質了。時間不夠又要防止變質，這種「萬一」都不可以發生，該怎麼辦呢？大概只有殺菌一途吧！這樣我們買回來的是什麼？是發酵分解過的植物，但沒有生菌或者極少，功能比起有生菌的酵素一定有差，連帶的效果也差，買起來還挺貴的呢，一瓶七百五十毫升到一公升半的，價格從三千元到一萬元都有，何不自己做酵素，安全、營養又省錢。

酸甜苦辣喝酵素

酵素是什麼味道？有百草百果的清香，有醋香、酒香、醬香和浮在表面的浮香，沉在杯底的沉香，聞著很舒服。什麼口味？有果酸和醋的微酸、糖的微甜、酒的微辣，也有一點點苦味。別忘了，醋是苦酒，釀造醋會帶一點苦味，但是甜剋苦，苦味被糖蓋過，苦後有回甘。總之，我自己做的酵素，媽媽教室學員做的，我徒子徒孫們做的……每個喝過的人都讚美一句：「好好喝喔！」

酵素成功了，裡面生菌的生態平衡、穩定，放多久都不會壞。酒是越陳越香，酵素也一樣。有些知名的麵包店，用同樣的麵粉、同樣的工具、材料做出來的麵包就是不一樣，祕密就在他有一塊放了很久的老麵頭。滷味、泡菜、醋、酒……不都是要有老滷、老窖才香嗎？所以哪次你做的酵素特別好，就留起來當作酵母，這樣做出來的酵素有自己的風格，任何人都無法取代。

附註：肉眼看得出來的三種害菌

日常食物發酵會產生害菌的現象，用肉眼就可以看得出來的有三種狀態：

酸腐菌作怪：顧名思義食物產生酸和腐臭的味道。煮熟了並無大礙，因氣味難聞，是很好的堆肥。所以做肥料比吃下肚好。

稠黏菌作怪：湯汁變得稠稠黏黏的，看起來很不舒服。放一些陶土在裡面攪拌沈澱，可使湯汁重新澄清。但是花那麼多時間、精神去處理，不如輕鬆些，丟掉重新來過。

黃麴素作怪：橘黃紅色的菌種，是致癌物質，雖然把

第二章　如何做酵素

色塊拿掉後，湯汁、顏色看起來無異狀。但總騙不了自己，吃了絕對不安心。

第三章
酵素的功能

酵素怎麼用？

市面上販售的酵素有兩種，如果是液狀的，大概會建議你一天喝三次，一次三十毫升。如果是顆粒狀的，也是一天三次，一次一包開水調服。

自己做的酵素，一天一次三十毫升就夠了，至少到目前為止，我周圍的人都是這樣喝，也都有顯著的效果。我自己臉上的斑淡了，小腹也縮小了，上大號時便便也細了，這點很重要，不信你自己觀察，要瘦下來之前便便會比較細，發胖之前便便會漸漸變粗。

天天喝酵素的人，不管便便原來是什麼形狀、什麼顏色：筆狀（腸胃蠕動不足）、硬粒狀（便祕）、稀泥狀（腹瀉）、黑褐色（內出血）、綠色（有細菌感染）、白色（肝膽病）……現在都有很健康的便便，標準顏色（茶色）、標準形狀（香蕉狀）。而且最健康的人是兩天三次大號，一天七次小號，小號的變數太多我管不著，但很多友人的大號次數都越來越接近標準了。

只要不是水土不服或腸胃不適，和喝酒會起酒疹的人，任何人、任何時候都可以喝酵素。酵素裡有一點點酒精，喝下去肚裡熱熱的，即使冷天或不習慣冷食的人，也可以喝。

除了生飲，酵素也可以做沙拉、涼拌菜、沾醬的原料，燒魚、燉湯、滷菜時可以取代醋、料酒和糖的功能。尤其是特定材料做出特定功能的酵素，例如：養生、改運、美容、減肥、清血、豐胸……口味和綜合酵素略有不同，變化更多。

至於酵素濾出來的渣滓，最好是做堆肥，原湯化原食的有機肥料，很珍貴呢！

冬瓜鳳梨酵素，減肥第一名

如果沒有副作用，吃鳳梨減肥最快。鳳梨纖維很粗，可以促進腸蠕動，排便順暢。鳳梨酶可以軟化消化道管壁上的積食，排出體外。連吃三天鳳梨，排出十多公斤積食，小腹立刻瘦兩圈，腰圍減少五、六吋。但是天下哪有這麼好的事，空腹吃鳳梨會引起胃腸不適，腸胃再怎麼強壯，連續吃兩個鳳梨一定引起鳳梨過敏。

鳳梨中含生物，會刺激口腔黏膜，引起發麻、發癢，

粗纖維會割破舌頭流血。更嚴重的是鳳梨酶中的鳳梨蛋白酶，會讓你腹痛如絞、上吐下瀉。

冬瓜最大的功能是除水利濕，消水腫。水腫病源有腎水腫即腎臟炎，肝水腫即肝硬化，還有積在心臟的心水，腹部的水鼓脹，肺結核過後的腹脹……都可以用冬瓜煮水、煮湯、做菜當作輔助治療食品。我們平常人運動少，關在冷氣間裡流汗少，食物口味重，體內積水卻不少，常常吃冬瓜是一種養生食療的方法。

冬瓜子可以止咳化痰，還有美白除斑的功效，可惜市面上有南瓜子、西瓜子、葵瓜子……就是沒有冬瓜子。冬瓜百利有一害，就是太涼，吃多了夏秋季還無所謂，冬天容易引起其他的寒症。

鳳梨冬瓜做酵素，轉化了鳳梨蛋白酶的毒性，也轉化了冬瓜的涼性，掃除副作用，保持消水利濕、消積食的功能，不需要節食忌口，只要不大吃大喝，三餐照常一定瘦得下來。

材料比例

鳳梨冬瓜酵素有一個材料比例最好喝也有效的配方：

鳳梨一斤、冬瓜二斤、紅糖十二兩，也就是一比二比四分之三，連皮帶子的切碎混在一起。

仙人掌酵素，減輕化療痛苦

以前很少人把仙人掌放進屋內，因為地理師說仙人掌在戶外有辟邪作用，放在屋內會引起內鬥，造成家庭不睦。近年許多網路族患電腦症候群，螢幕盯久了，頭痛、眼睛病，嚴重的還會引起嘔吐。我跟朋友說，電腦桌旁邊放一株仙人掌，可以吸收電腦輻射，但朋友說怕引起內鬥。我說：「算了吧！現在小孩主意那麼多，什麼時候聽父母話了？多株仙人掌會怎麼樣？說不定他頭痛、眼睛痛治好了，心情好了，還少找一點麻煩呢！」

我的想法是，既然是沙漠植物，習慣了太陽強烈的輻射，放到室內，仙人掌恐怕也不適應。放在電腦桌旁，吸收電腦輻射，對人、對植物都好。無獨有偶，最近預防、治療都市文明病，很多專家、藥廠都用仙人掌。

我已經好幾年不吃芒果了，因為芒果很毒，吃芒果又上火氣又會發，還會引起過敏反應。感冒頭痛、身體不適時，吃了芒果更難受。我也不做芒果酒，因為芒果很容易生酸腐菌和黑黴。

老劉的主管得了癌症，做化療後整個人像虛脫了似的。他說化療後喝一杯酵素會好很多，因為知道我對養生食療有研究，特別把瓶子拿給我看，上面寫的成分竟然是芒果和仙人掌。仙人掌有抗輻射的功能我還能理解，至於芒果，看來我要對它的認知重新評估了。

中藥草食療書中幾乎都不對芒果特肯定的看法。西醫以成分分析認為芒果含大量維他命C和β胡蘿蔔素，這兩項營養素可以在機體內製造抗氧化劑，增強機體的防衛能力，對抗自由基的損害。芒果是追熟水果，追熟之後藥性有所改變，才變得又發又上火，發酵之後又經過一次轉變，或許就不那麼上火了吧？不管怎樣，有人吃了有效就值得一試。

仙人掌芒果酵素很好喝，酸甜中帶點澀滑和微熱（有點像辣味，卻是隱隱約約的），喝完也不會像吃芒果那樣引起過敏上火氣。不過若有人化療後，我送他酵素，會分析中西方對芒果的看法，由他自己決定要綜合酵素，還是仙人掌芒果酵素。

芒果很甜，仙人掌芒果酵素我以仙人掌為主，芒果為輔，有時仙人掌二份芒果一份，有時仙人掌三份芒果一份，我早就說過，做酵素比例並不重要。因為怕芒果生壞菌，每次攪拌後紅糖我會撒多一點。

綜合酵素，養生至寶

現代人的飲食不患寡而患不均。好友政良突然得了一種怪病，四肢無力，精神沮喪，身上起疹子，視力模糊，好像是憂鬱症加過敏加老化……心理、生理都出了問題。去看醫生，醫生問他是不是長久以來一直只吃一種食物，造成極度的營養不良。他是個對吃很不講究的人，工作太忙，他連便當都懶得吃，每餐只塞兩個御飯糰果腹，幾個月下來，就變成現在這個樣子。

有了政良的例子，老劉更有理了。有時候在廚房裡，手忙腳亂的，又是炒菜又是抽油煙機，他老爺直著喉嚨叫，要我少量多樣，不要口味太重、少放點油……聽得我大為光火。有一次我真的火了，把鍋鏟一摔走到他面前警告他，以後要跟我說話，請走到我面對來，不要呼來喝去的，很不禮貌。

想想真是懊惱，主婦難為，現在到超市買菜，買什麼都是大包，少買幾樣變化不夠，買多了吃不完。老劉還有一個毛病，一打開冰箱就開始唸，什麼什麼放了半年了，什麼什麼放了一個月了，東西買回來要趁新鮮在第一時間吃，放久了就不好吃了……明明才放兩天就這麼誇張。跟朋友聊起來，大家都是一肚子苦水，十個男人有九個半會唸老婆的冰箱，包括我爸、你爸、他爸……

綜合酵素的發明對我們姊妹淘來說真是太神奇了，管他什麼菜，管他剩多少，全部切切碎混在一起做酵素。現在我有幾個姊妹家裡酵素喝不完，多到大家都在收集瓶瓶罐罐來裝酵素，我們「肖想」有一天賣酵素賺了錢把老公休了。

現在許多生活用品都流行輕薄短小，有些輕薄短小卻不太實用，例如迷你手機，要打個電話還得戴上老花眼鏡。但是大包小包的營養品、維他命，變成三十毫升的酵素，一口搞定，倒是很方便。

綜合酵素把各種植物放在一起混合釀造，裡面凡身體所需的各種維他命、微量原素、抗氧化劑……一應俱全，閉上眼睛想想看，你要用什麼材料來做綜合酵素？橘子、香蕉、鳳梨、芭樂、蓮霧、豆芽、海帶、洋蔥、大白菜、小白菜、青梗菜、絲瓜、瓠瓜、西瓜、黃瓜、冬瓜、芥藍、蘿蔔、花椰菜、白花菜、棗子、梨子、木瓜、蓮藕、荸薺、地瓜葉、紅鳳菜……

紅麴酵素，掃除膽固醇

提起紅糟，沒有人不知道，市場都有賣紅糟肉，而紅麴是近幾年大家注重養生後才廣為人知的。會釀酒的人都知道用米釀酒，白麴做酒引子濾出酒汁後剩下來的酒糟稱

「糟白」，像糟白魚、糟香雞肫……，而用紅麴做酒引子，濾出來的酒汁是紅露酒，剩下的酒糟稱「紅糟」。除了市場上常見的紅糟肉，還有紅糟鰻、紅糟鴨……。

紅麴菌喜歡溫暖潮濕的氣候，內陸地區沒有紅糟，台、閩、粵沿海才有。紅麴在製作時很容易生出黃麴毒素，幾乎紅麴的產生和黃麴只在一線間。所以李時珍稱紅麴的製造是奪造化者之巧。紅麴能清血脂，含有一種降膽固醇的成分Stains，被封為二十一世紀的盤尼西林，是一種非常神奇的藥物。

我很喜歡吃肥豬肉，尤其紅糟醃三層肉，又香又嫩入口即化，也不怕吃多了膽固醇升高。朋友間有人膽固醇過高，我都建議他們煮飯時摻點紅麴。自己做酵素以後，乾脆把紅麴摻在酵素裡。做酵素放紅麴有兩個好處，一是原料中有些纖維很粗，用紅麴軟化纖維，做出來的酵素湯汁多一點，而且酵素的顏色比較漂亮。

紅麴含大量不飽和脂肪酸，能促進健康的血清三酸甘油酯濃度。凡是清血脂的藥都兼具減肥功能，紅麴也不例外。紅麴酵素的做法可以比照綜合酵素，只要再加三、五湯匙的紅麴即可。為了使清血脂、清膽固醇、減肥的效果更佳，可以放山楂、桑椹，這兩種水果都有「血管清道夫」的美稱。

橘科果皮酵素，打敗高血壓

有些人減肥，只知道少吃甜、少吃油、少吃碳水化合物，殊不知吃得太鹹也會造成肥胖。鹽分在我們血液中有一定的濃度比例，吃得過鹹，鹽分過高，為了沖淡鹽分，腑臟的含水量相對提高，造成體積增大。身體內的空間有限，腑臟體積增大擠在一起搶空間，弄得人累累的，一天到晚感覺疲倦，懶得動。越懶越胖，越胖越懶，這種積水虛胖影響循環系統，是造成高血壓和膽固醇過高的主因。吃得太鹹，不但引起高血壓、腎臟負擔過重，甚至引起腎臟病及糖尿病。

雖然人過中年，血壓會隨著年齡的增長正常增高一些，但高血壓的病理，目前醫界並沒有很透徹的研究，只知高血壓會導致中風，還會增加心臟病和腎臟病的發作率。造成高血壓的原因除了遺傳之外，飲食不當、緊張和壓力也會造成血壓不正常升高。

近年有醫學報導，柑橘類的果皮是高血壓的良藥。以前我只知道橘肉生痰，橘皮化痰，

我一吃橘子就咳嗽。所以每次吃橘子要不先用小烤箱烤熱，要不就吃完橘子把橘子皮切切碎，拌蜂蜜吃。

橘科水果做的酵素，有橘皮的香味，辛辣酸甜口味豐富，是止咳化痰的良藥，也是打敗高血壓的利器。如果你已屆中年，喜食甘肥厚味，把橘子皮、柳丁皮、柚子皮切碎做點酵素吧。

我做的降血壓酵素，除了以橘科水果為主，也放洋蔥、芹菜和香蕉皮。橘子容易生毒黴菌，放點洋蔥，可抑制青黴滋生，芹菜、香蕉皮的香氣和橘子皮很合，何況洋蔥、芹菜、香蕉皮都能降血壓。

酸奶酵素，年老色不衰

更年期前前後後好幾年，更年期症候群造成女人一堆麻煩。有時行經流量特別多，一兩天都不敢出門，有時好久不走，滴滴答答沒完沒了；平常會頭昏、忽冷忽熱、胸口悶悶的。停經後發覺體力突然衰退，白頭髮也一下變多了……心理上還來不及適應身體的衰退，現實生活卻不給妳喘息的機會，每天仍然有那麼多事情要面對。

三一九那晚，有個姊妹激動得睡不著，看電視、打電話……她老公洗完澡在床上等她。她脣乾舌燥，疲累不堪的上床，倒頭就睡。第二天她老公抱怨說：「我洗得香噴噴的，脫得光溜溜的在床上等妳，妳都不來。」她哈哈大笑說：「你好三八喔！我要去跟王莉民說。」她老公說：「妳要是去跟王莉民說，她一定會說是妳三八，我只是煽情。」事後在姊妹淘中傳開，大笑過後是一陣感慨，大家都心知肚明，停經後都怕和老公親熱，因為有點痛……

我們有個大姊，已經年近花甲，看起來像四十出頭，我們請教她如何駐顏有術，如何履行夫妻義務，想不到她竟然沒有乾澀的問題，原因是她每天喝自己做的優酪乳，嚴格說來，她喝的是酸奶。怎麼做呢，其實很簡單，買一公升鮮奶和一小罐有A、B菌的優格，把鮮奶倒出半杯來，再把優格攪到鮮奶中，熱天放十幾小時冷天放一兩天就好了，然後放冰箱，要三、五天之內喝完，否則會離水，看起來好像壞了，而且越來越酸，超過一星期可能會發臭。

因為酸奶沒有糖分，起初大家不太喜歡喝，後來就發現可以把各種口味的果醬攪在酸奶裡，攪勻後變成草莓、桑椹、橘子優酪乳……隨妳高興自己調味。還可以當作沙拉醬拌沙拉用，喝不完用來敷臉清潔毛孔、去角質、美白柔膚，太好用了。

既然能攪在果醬裡，當然也可以和酵素攪在一起喝，而且我們發現酵素加酸奶滋陰效果特別好，乾涸的小河流，又有了涓涓流水，現在我們都自稱是年老色不衰的資深美少女。

美容養顏的水果酵素

健康減肥的方法很多，不一定要節食拉肚子。每天吃蕃茄、芭樂、雞蛋，不限分量，不但排便順暢，尿也多，不昏不餓，一天可瘦一公斤左右。但是吃了兩個星期就受不了，飲食無味是很痛苦的。另外飯前吃一個蘋果，要連皮，三餐照常，一星期也可以瘦二、三公斤。有人說蘋果越吃越餓，吃完蘋果再吃飯反而會比以前吃得更多。其實沒關係，蘋果的糖分會阻斷脂肪吸收，這個道理就像小時候媽媽說：「快吃飯了，不要吃糖。」飯前吃糖會影響食物吸收，甚至正餐沒胃口。還有，蘋果的果膠會沾黏消化道管壁上的食物渣滓排出體外。何況西諺說一天一個蘋果，不必看醫生，雖然現在改成柑橘，蘋果仍然是好東西。尤其女人主血，男人主氣，蘋果含大量鐵質，補血最好，常吃蘋果的人臉色紅潤。

起初學會做酵素，認為材料越多越好，而且不管放什麼，做出來的成品也廣受歡迎。我有個朋友，以前很愛喝

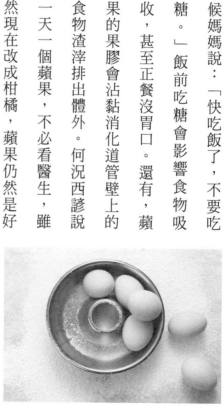

果菜汁，有一回看到報導說果菜汁裡還放味精，她氣死了，從此情緒上抗拒和果菜汁相似的飲品。大家都說酵素多麼好、多有效，她就是不肯喝。無獨有偶，後來又碰到一個人不喝酵素的理由是受不了蔬菜變甜的，為了適應各種人的口味，我試著只用水果做酵素。經過一番考量，決定以蘋果為主。

蘋果除了減肥、美顏，還可以軟化膽結石。每天喝一千五百毫升的蘋果汁，第六天喝一杯檸檬汁加橄欖油，就可以軟化膽結石。這是真的，我有個朋友患血友病，又得了膽結石，他的情況不適合開刀，就用這個蘋果汁療法，一星期後照X光，膽結石變成了稀泥；另外一個朋友做完療程後，排便排出碎石子。

大部分水果裡含量最多的就是維他命C，維他命C對機體製造膠原和防止黑色素沉澱最有效。也就是說維他命C對皮膚有保濕和美白的功用，多吃水果皮膚會又白又嫩。對於美容養顏我一向反對在臉上塗塗抹抹，由內而外才能散發出自然的光采。水果酵素由

內而外的調理，最符合我的養生原則。

水果酵素可以蘋果為主，其他水果為輔，香蕉、橘子、櫻桃、奇異果可任意添加。蘋果軟化不易，所以把蘋果磨成泥狀，或者切成極小的顆粒，接觸面越廣，發酵越快。

十字花科，抗癌英雄

人體自身產生的自由基有抗病功能，但自由基過多，卻成為老化及各種疾病的元凶。過多的自由基在皮膚會造成皮膚鬆弛；入侵心血管，就造成心臟病、高血壓；不幸進入攜有遺傳物質的去氧核糖核酸（DNA）就會致癌。對抗自由基，已成為二十一世紀人類最重要的功課。

在各種植物的化合物中，有一種稱為「類胡蘿蔔素」的化合物，有抗氧化作用，能中和自由基。紅色蕃茄的茄紅素，胡蘿蔔、蕃薯、木瓜、南瓜……中的β胡蘿蔔素都是類胡蘿蔔素一族。十字花科的蔬菜中，芥蘭、芥菜、蘿蔔、油菜……也含有類胡蘿蔔素。另外十字花科家族中還有一種有抗癌作用的氮化合物，能保護DNA不受致癌物質侵害，稱作「吲哚化合物」。我覺得最好用的就是吲哚化合物，不論植物生、熟、新鮮、冷凍，其抗癌功能都不受影響。

大概是我看起來很好說話，常常有人拿各種直銷的保健營養品叫我買。大約二十年前，朋友賣我某廠牌的營養品，各種維他命、抗氧化劑都有，一共十幾瓶，每天各吃一粒就要吞十幾顆藥丸。其中有一瓶是十字花科蔬菜精，我有一搭沒一搭的吃到過期。十多年後十字花科蔬菜抗癌的效能得到醫界的肯定，我再去找那個朋友，她自己都忘了有這回事。我只好每天買一種十字花科的蔬菜來吃，好在該族蔬菜種類繁多，一年四季都有，也吃不膩。

近年學會做酵素，有些老人家喜歡十字花科蔬菜做的酵素，所以我就做一些送他們。同時也告訴他們喝了這些酵素有什麼好處。

第三章　酵素的功能

綜合整理十字花科蔬菜的各項養生功能，所謂「蘿蔔上市太醫返鄉」，蘿蔔的養生功能是全面性的，中醫認為可以解毒；花椰菜中的維他命C即使煮熟後還保留一半以

上；高麗菜可以治潰瘍和對抗乳癌及卵巢癌；芥蘭菜對肺癌、胃癌、腸癌和直腸癌比較有效。另外大頭菜、油菜、芥菜都是十字花科的蔬菜，做酵素都可以混在一起，不過這些蔬菜容易引起脹氣，可以加些香料幫助排氣，我有時丟些月桂葉子一起發酵，有時放花椒、八角，或者切一把香菜也可以。蘿蔔多一點，湯汁會比較多，蘿蔔可以連皮帶葉，一點都不浪費。

木瓜酵素，豐胸有效

胸前擁有一對傲人的雙峰，好嗎?胸部大，負擔重容易彎腰駝背，肩膀痠痛，到了年紀容易下垂，為什麼有這麼多人在乎女人是不是豐滿，報紙上女星、名媛爆乳照時有所見？如果女人的乳房是為了哺乳的功能，胸部平小的女性也能照樣餵母乳。男人是否在乎女人的胸部大小？根據統計，在乎女人胸部大小的男性佔百分之四十，在乎自己胸部大小的女性佔百分之八十。心理學家更指出：喜歡大胸脯女人的男性，自信心差，比較沒有自信。那麼女人的乳房到底有什麼用？說穿了還是為了要吸引異性。

動物是從後面交配，交配後雌性專心繁衍下一代，甚至棄雄性於不顧。純粹是生理需要，彼此發洩滿足一番。所以當雌性動物發情時，臀部會膨大，藉以吸引異性。而人類不同，人類有感情、有情緒，自從人類從四腳爬行，演化成雙腳站立後，已變成面對面的做愛。如果女人和男人一樣也是平胸，在愛撫互動的過程裡少了很多挑逗的性味。所以人類進化後女人胸前才有壯闊的雙峰。

因為這樣，女人乳房受到男性的愛撫，吸吮揉捏，漸漸的乳房發展成女人的第二性感帶，有過性經驗的女性，不難發現自己的乳房有微輻變大。性感的女人，更容易吸引異性，受到寵愛。如此循環下來，在性愛開放的社會女人比較豐滿，社會風氣保守，女性平胸的居多。還好胸部的發育，不限於發育成熟前，只要沒到更年期，妳都有機會讓乳房增大。

多吃蛋白質、膠質和膽固醇高的食物有助胸部發育。葉菜類以萵苣科植物最具豐胸效果，鵝仔菜、生菜、萵筍……還有地瓜葉和木瓜，以及補血的紅鳳菜。核果類食物如核桃、花生、腰果、開心果等不但能豐胸，還能抗老化。中藥裡人參、當歸補氣血，桂圓肉、紅棗補血也是豐胸的好材料。想要胸前擁有傲人的雙峰，以木瓜為主，做幾瓶木瓜酵素喝喝吧！

木瓜酵素的材料比例，木瓜約佔三分之二，輔以桂圓、紅棗、生菜、地瓜葉、紅鳳菜等。木瓜要連皮帶子，

青木瓜、熟木瓜均可，桂圓要買乾的桂圓肉，紅棗乾濕不拘，紅糖少放一點。其他的原則就參考前面酵素的做法。

第四章
開運酵素

如果你想改運，可能算命先生會叫你改個名字，或手上戴某種能量石。風水地理師會建議你家中放個魚缸、水晶……或什麼能量石。雖然有效，但也不見得一定靈。礦石裡蘊藏著許多微量原素，當身體缺乏某種微量元素時就可能致病或氣色不好。礦石裡的微量元素正好補體內的不足，說得玄一點就是補氣，改變磁場。各種礦石有不同的能量，針對每個人的體質做調整，不同體質需要的礦石也不同。現在市面上的改運礦石，大部分是高價位的半寶石，也許會花了大錢，卻得不到預期的效果。

民以食為天，養生、改變磁場、淨化身心靈，應以食為主，礦石當作輔助。每個人的命運，出生的年月日時，配合後天的努力和機緣。三分運氣，七分努力，養生也是一樣。

一個人的現況是由先天遺傳，後天所在的環境（氣溫、氣壓、濕度等）和個人的生活習慣、飲食習慣加總而成。先天遺傳我們無法改變，後天的生活環境也算穩定，你的衣、食、住、行、坐、臥都養成好的習慣，才有健康的身體。生理影響心理，心理影響生理，身體健康，氣色好，精神振作，就有好磁場，帶來好運及貴人，利用酵素增進健康，達到改善磁場、開運、轉運的目的，不失為聰明的方法。

中醫把我們的體質大略分為八類，八種體質各有優缺點。針對體質不同的特點，把身體、精神、氣色調養到最佳狀況，對外行事中庸和諧，體內陰陽平衡，對人散發親和力，對事明快果決，正面的磁場，無論戀愛、交友、做事、做生意賺錢無往不利。

一、陰虛體質開運酵素

現代人喜歡瘦，古代人喜歡胖。還有一個說法，女人胖瘦影響國運。國家強盛時喜歡胖美女，國家衰弱時喜歡瘦美人。環肥燕瘦，唐朝強盛，楊貴妃是代表。宋朝趙飛燕可以在掌中舞，所以宋朝積弱，而現在強盛的美國，好多女人胖得像一座小山。

陰虛體質的人瘦子居多。這種體質的特徵，臉色暗紅，或者黑瘦，手心腳心經常發熱，脾氣躁，容易發怒，常有失眠、便祕、口渴的毛病，一般人說是熱底。這種體質虛不受補，身體不好，又不能補，否則越補洞越大。

俗話說「千金難買老來瘦」，如果上了年紀是因為陰虛體質變瘦可不是什麼好事。陰虛體質老人和女人佔的比例較高，女人陰虛不容易受孕，又神經質。因為暴躁易怒，白天情緒緊崩，到了晚上容易失眠，失眠火氣大又造成便祕、口渴等問題。陰虛體質的人常有腸躁的問題，腸躁就會便祕。所以陰虛體質養生、改運要以潤燥、滋陰為主。

瘦的人比較難擔負艱巨的任務，無論做老闆，當夥計都難有成就。因為身體不適，衝動心緒不寧，自我意識強烈，做生意和交友都不易，所以一定要設法把體質調整好。

凡是地面上的植物都是陽性的，埋在地下的植物都是陰性的，陰虛補陰以地下植物、水生植物為主，山藥、百合、蓮藕、荸薺都很好。

我有朋友是陰虛體質，她照我說的原則自己做酵素，現在肝氣平和，心性中道，頭髮、臉色都變得滋潤，也交到了很好的男友，事業也變得很順利，所以我把她的配方記錄下來。

材料比例

山藥、蘿蔔為主，幾乎等比例約十斤重，依照產季，添加百合、蓮藕比例不拘，荸薺連皮佔一小部分，香蕉連皮也放一點，另外買中藥材天冬及麥冬各半斤。

二、陽虛體質開運酵素

以前陽虛體質的人很討喜，白白胖胖的是富貴宜男之相，女孩是大老婆命，男孩至少是員外命。現在的孩子可不喜歡自己白胖胖的。我們和朋友一家去海邊，她十七歲的大兒子一直鬧彆扭，不肯下水，怕我家女兒笑他胖。女孩更麻煩，嚴重的陽虛，不但會經痛，手腳冰冷，天氣涼一點吃冰也會出問題。平常中秋後天氣漸涼，我都不准孩子們吃冰，長大了就不那麼聽話。有一次大夥一起吃冰，有個胖女孩忽然嘴唇發紫，面色蒼白，全身發抖打冷顫。當時大家嚇壞了，事後又取笑她這麼胖還怕冷。之後孩子們在一起玩，胖小孩都有意無意的被他們排除在外。

因為胖、因為懶，自己退縮，造成人緣不好。所以最好是自己走出戶外，把陽氣養起來。早上七點以前對著東方深呼吸，初升的太陽既不熱，陽氣又足。陽虛體質的人不適合節食減肥，斤斤計較食物的熱量，反而過猶不及，造成體內沒有熱能燃燒脂肪。不小心吃了一點脂肪，脂肪進入體內，大腦就見獵心喜，通知消化系統趕快吸收、趕快貯存起來。這些脂肪只知道貯存在皮下，變成冬天怕冷，夏天怕熱，因為脂肪厚散熱慢。所以要自己克服生理、心理的障礙，才能成為一個健康、爽朗、人緣好的人。

改變生活習慣，讓自己有活力，改變飲食習慣，增加身體熱能。在飲食方面，第一要忌生冷，多吃牛、羊、雞肉，少吃海產，凡是地面上長的果、葉都是陽性食物，埋土裡的根、塊莖都是陰性食物。

陽虛體質改運酵素以綠、紅色為主，甜椒、辣椒、西瓜、蘋果、鳳梨、橘科水果，都是很好的材料，也可以加一點紅麴，十字花科的深綠色蔬菜、芥蘭、芥菜、蘿蔔葉都好，反而蘿蔔、荸薺、蓮藕、冬瓜、洋蔥等水生及地下植物較不合適。

做酵素時放一點辣椒，不但有特殊的香味，酸、辣、甜、熱的味道，很多人會喜歡。

材料比例

紅色植物：如甜椒、辣椒、西瓜、蘋果佔二～三份。

橘科水果：如橘子、柳丁、檸檬、葡萄柚佔一份。

綠色植物：如芥蘭、油菜、空心菜、青梗菜等佔一份。

三、痰濕體質開運酵素

痰濕體質的人女性多半是梨形身材，男生是中廣型的身材，因為脂肪的堆積，女生容易在大腿及臀部，男性容易積在腰腹。這種先胖下半身，然後再演變成胖子，身體也會變差。中年以後高血壓、心血管疾病、糖尿病、關節痠痛……多多少少都佔一兩項。

在海島型氣候的環境中，冬天濕冷，夏天濕寒，最容易造成痰濕體質。痰濕體質也很容易測定，檢查皮下是否

有脂肪粒？脂肪肝是否偏高？臉白且油膩，口中黏膩，口水會牽絲，糞便沾黏在馬桶上，小便清白。如果有這些現象，就是痰濕體質，現在不胖，將來不胖也難，現在胖，要減肥更難。

節食減肥絕對不是最好的減肥方法。尤其痰濕體質的人，節食體重雖然減下來了，但減下來的重量包含水、脂肪和蛋白質，只要一補充食物，體重立刻等比例回升。最重要的要先清痰，因為痰在消化道管壁上會沾黏食物渣滓造成宿便。除了不要吃肥肉，俗話說「魚生火，肉生痰，青菜豆腐保平安」，還要吃一些強腎行氣的食物。不可以吃利尿劑，常吃利尿劑會造成尿酸高，許多減肥或降血壓的藥都有利尿作用，最好是避免用藥物，自己用食療來調整體質。

白色食物入肺經常有化痰的功能，可以用百合、梨子、冬瓜、蘿蔔等白色植物作為酵素的

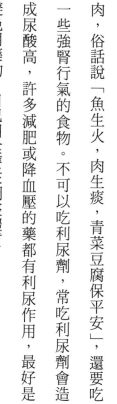

基本材料，再配生薑、玉米、行氣強腎的食材，就能改變體質。一般痰濕體質的人滿臉油光，黏黏膩膩，很難讓人有好印象，再加上這種體質的影響，做事無法深入思考，不堪大用。要改運、轉運痰濕體質的人自己先勤勞起來，為自己做一份減肥除痰的酵素吧！

材料比例

白色植物：如百合、梨子、冬瓜、蘿蔔等佔二份。

行氣植物：如生薑、胡椒、辣椒佔十分之一份。

強腎植物：如玉米、香菇、荸薺等佔一份。

四、血虛體質開運酵素

古人說女孩比男孩好養，現代醫學統計也顯示女人比男人長命。大家的印象是女人比較有韌性，男人比較堅強。在生活上常抱怨自己這裡痛那裡病的女人比較多，男人好像不隨便ㄞ，到底是為了顯示男子氣慨，小痛小病不隨便ㄞ，還是女人比較會ㄞ會撒嬌？

其實很多女人長命都是破病延年的現象，我們談了許多體質問題都是發生在女人身上比較多。例如血虛體質幾乎是女人的專利，很少聽到男人是血虛體質的。

血虛體質第一個特徵就是經期不準，常常延期，量少，臉色蒼白，甚至連嘴唇都毫無血色，常常心悸、頭暈。這樣好像是貧血的症狀，除了貧血是血虛的一科，血紅素低、血液較稀都是血虛的現象。因為血虛頭上血少，所以頭暈，心血不足常會心悸，四肢血少容易發麻，除此之外，血虛也容易失眠。受生理的影響，血虛體質會敏感，脆弱又神經質。

子宮和乳房是互為表裡的，子宮發育不良，胸部也平平。血虛的女孩子不但身材不好，也不易受孕，懷孕後也容易流產。就算長得漂亮又有內涵，恐怕也是紅顏薄命的林黛玉。

第四章　開運酵素

我有個朋友，兒子好吃懶惰不長進，交了個血虛體質的女朋友。她一眼見到這女孩就叫她「瘦乾巴」。瘦乾巴很聽話，也很會讀書，憑著這兩點，她認為養得起來，所以大力的補血、補氣，把瘦乾巴變成了水蜜桃，嫁給她兒子。婚後生了一對兒女，而且在老婆的鼓勵下，當年的飄撇少年也闖出了一番事業。因為調養得當，所以紅顏薄命的林黛玉變成了旺夫益子的薛寶釵。

血虛體質吃什麼好？動物的內臟最能補血、養血，雞、鴨、魚、肉、海參、甲魚都很好。至於植物呢，桑椹、荔枝、松子、黑木耳、菠菜、紅鳳菜都很好，這些材料做酵素也很簡單。

材料比例

桑椹、荔枝、菠菜、紅鳳菜為主佔三份，黑木耳、松子佔一份，黑木耳要泡開，松子要磨粉，可以加一點紫蘇補血行氣，也可以放些紅麴。除了喝酵素，也可以做白灼豬肝的沾醬。

五、氣虛體質開運酵素

平常中醫看診，你以為只是把把脈那麼簡單嗎？其實有望、聞、問、切四個步驟。你一進門，看臉色就知道大概是什麼問題，開口說話，聽聽聲音，判斷已八九不離十了，切脈只是再確定而已。碰到氣虛體質的病人更明顯，因為氣虛第一個特徵就是中氣不足，另外再觀察是否看起來很疲倦，食慾也不好。雖然累累的，食慾不振，卻不代表氣虛體質的人都是瘦瘦的。一般小孩子氣虛是比較瘦弱，到了成年漸漸變成胖子。因為氣虛懶動，不單是懶，另一個原因是氣虛容易心悸，動一動心跳得很厲害，手心、脖子出虛汗，造成又懶又怕動。這種體質中年發福還會犯失眠的毛病，問題更多，我們常說「肥人痰多」是形容痰濕體質，「肥人氣短」則是形容氣虛體質。

女人主血，男人主氣，男人很少有血虛的問題。氣虛

的男人個性懦弱，行事猶疑不定，又不耐久戰，兩三下就放棄了。人生在世會碰到許多緣分機運，想要成事必須打鐵趁熱一鼓作氣。遇到好機緣猶疑不定，往往會錯失良機，或者提不起氣來，也無法成功。耐力不夠即使有祖產，也難守成。氣虛的人事業、婚姻都很難順利。要健康開運，才能邁向成功之路，自己吃飯自己飽，凡事只能靠自己，要轉運開運，氣虛體質的人要多吃飯。

這話怎麼說呢？因為穀類的食物有穀氣，可以補氣。像糯米、小米、玉米、麥子、大米……等五穀雜糧都好。中藥的人蔘、黃耆大補氣血，黃耆是補氣的藥王，有香味的食材如玫瑰、茉莉、紫蘇、九層塔，也有疏肝理氣的作用，還有橘科的水果也是不可少的。基本上氣虛體質和氣鬱體質的健康開運食療非常相似，只是氣鬱著重在通氣，氣虛的重點是補氣。

材料比例

糯米、小米、大米、麥子等，任選三兩項蒸熱約一份，橘科水果二、三份皆可，加一把紅麴拌勻，撒紅糖發酵，發酵完成後切些蔘片、黃耆片，泡二星期以上再喝。

六、氣鬱體質開運酵素

情緒影響身體和健康，稱作「內傷七情」，這七種情緒就是喜、怒、憂、思、悲、恐、驚。例如兩人吵架吵得臉紅脖子粗，表示兩個人都動怒了，怒則氣上，所以臉紅。或者被人說得啞口無言，臉上一陣紅一陣白，也是先怒後懼，生氣臉紅，恐則氣下臉色發白，一陣紅一陣白就是又氣又怕。

怒或恐都是一時的，而氣鬱體質、心情悲觀卻不是短暫的。氣鬱體質的人最大的特點就是常嘆氣。老一輩的人叫我們不要嘆氣，嘆氣會把好運嘆走，我們也不喜歡別人唱衰，有人講了不吉利的話，會被罵烏鴉嘴。氣鬱體質不僅把好運嘆走，而且因自己內心的消沉，做事不積極，遇到挫折時很容易放棄，悲則氣消，氣鬱悲觀，常抱著哀莫大於心死的態度。不但難成器，做不了大事，還會因為長期的抑鬱得癌症。

為什麼會有借酒澆愁的人呢?氣鬱體質的人適合喝一點酒來促進血脈活動，但是要自己想開一點，否則真的印證了「借酒澆愁愁更愁」的俗話。要改變體質、改變運氣，要多吃一點通氣的食物，橘科的水果是最好的選擇，還有一些有香味的花草，像玫瑰、茉莉、百合、九層塔、紫蘇、香椿等。

我們的身體本身就是一個化工廠，吃香的，流的汗都會變香，像歷史上的香妃傳說她常常吃花，所以流的汗是香的。氣鬱體質的人，以香氣做酵素，不但自己開心，別人也喜歡親近，出門遇貴人，好運跟著來。

材料比例

橘科水果為主，橘子、柳丁、葡萄柚、柚子、佛手柑任何比例混合，可以加一點玫瑰花、九層塔、紫蘇、香椿、百合和茉莉花。韭菜、大蒜、薑也是行氣的，但味道會干擾，所以不要放。

七、血瘀體質開運酵素

若是晚上沒睡好，早上起來就出現熊貓眼，怎麼遮蓋也很難掩飾。還有些人天生就是熊貓眼，看起來沒精神，豈不是更冤枉。有些細皮嫩肉的美女，一身白淨皮膚吹彈得破，偏偏一碰身上任何地方就出現瘀青，要好幾天才消，身上老是青一塊紫一塊，多礙眼。這種容易碰傷、常有黑眼圈的體質就是血瘀型的體質。

皮膚是健康的鏡子，皮膚好才健康，不止皮膚，氣色也很重要，氣色不好雖說一白遮三醜，蒼白的臉色也不好看。血瘀體質的人，微血管特別脆弱，容易破裂。心主血，心臟不好，血液循環差，所以會黑眼眶。當血瘀體質嚴重時，心臟可能已出現問題了。心開竅於舌，舌頭呈暗紫色，有瘀點，就是心臟病的警兆。心臟是血管的幫浦，血管不好，心臟的損耗率也相對提高。

和氣鬱體質的人一樣，血瘀體質的人可以常喝一點酒，促進血行。人生在世，不如意的事十之八九，每天面對的挫折和紛爭，心臟不強怎麼行。也是生理影響心理，心臟不夠強，心量相對也不大容易生氣，不合群，女孩子會給人太嬌的印象，男孩子就顯得孤僻不合群。將來在事業上找不到理想的工作夥伴，生活上找不到合適的伴侶。如果不設法改變體質，沒有健康，事業愛情兩失意，都對幸福影響甚大。

我們常稱心臟病為富貴病，血瘀體質的人，看起來天生較有富貴感，如果改善黑眼圈、瘀青的問題，必定能成為一個廣受大眾歡迎的人。

適合血瘀體質的食療是所有的核果類食物和油菜、黑豆、慈菇、山楂、桃仁等，因為核果的油脂太多，不適合做酵素，可以慈菇、海菜、山楂為主，搭配一些紅色補心的植物來做酵素，每天飲食中再吃一些核果或黑豆。

材料比例

慈菇、油菜為主，配一點山楂共佔二份。紅鳳菜、紅甜椒、西瓜、胡蘿蔔、葡萄混合佔一份。可以加一把紅麴，紅麴是活血化瘀的食物。

八、陽盛體質開運酵素

陽盛體質的人什麼都好，臉色紅潤，身體強壯，精神健旺。這種體質屬於健康陽光型，能吃能喝能睡，精神飽滿有體力、有耐力，做事明快豪爽。

俗話說孤陰不生，孤陽不長，中醫分類的八種體質中，無論是氣虛、血虛、陽虛、陰虛，都是體質上有所不足，而一種虛會帶動另一種虛，陽虛漸漸陰虛，血虛漸漸也氣虛……只有陽盛體質，什麼問題都沒有。當身體沒有一些煩人的小毛病，人舒服，心情愉悅，頭腦清楚，工作勝任，什麼事都無往不利。

陽盛體質的人要注意的就是要持盈保泰，凡事不要衝過頭。陰陽五行是相生相剋的關係。例如水剋火，屬火的人反而是以水為財，屬火的人要有一點水，但是又不能太多，把火澆熄了，屬火的人水太多，雖然賺錢，卻流於財多身弱，甚至有命賺錢沒命花。或者土剋水，屬水的人要有一點土發揮制衡的力量，但土太多了，把水路全擋住，演變成求財求官不得。陽盛體質雖然不需要特別保養，卻要避免盛極而衰。

因為陽盛，已經是氣血兩旺了，不要再吃辛辣、燥烈的食物，避免火上加油。別人冬令進補時吃薑母鴨、羊肉爐，陽盛體質都免了，也不要喝酒。一般人覺得太涼的如苦瓜、西瓜等食物，陽盛體質的人反而需要多吃一點，產生一些制衡作用。所以陽盛體質的開運酵素，以涼冷的瓜果為主，應該是很容易做，湯汁也多。

材料比例

西瓜、冬瓜、苦瓜、小黃瓜、香瓜、奇異果、香蕉不拘比例混合加少許釀造醋，撒紅糖即可。不用加紅麴，不要加橘科水果或荔枝、龍眼、芒果、榴槤等上火的水果。

第五章
酵素食譜

乳酪沙拉

和一些常做家事的姊妹淘在一起，隨便講到什麼菜，只要有人點撥一下，立刻能心領神會，做出來的菜即使沒有一百分，至少也有八十分以上。在社區媽媽教室教課時，有些阿媽級的學員，教育程度不高，話也說得不是很清楚，我們常交換做家事的經驗、心得，彼此印證武功，教學相長下來，令我學到不少東西。

出了主婦生活圈，常有人問我什麼菜怎麼做，我簡略的說完，看到的卻是一副霧煞煞的表情，有時反覆解釋，我看他還沒聽懂不禁懷疑自己的表達能力。在美演講老

第五章　酵素食譜

劉、雙雙、無華都有替我翻譯的經驗。我發現無華翻得最好，老劉會自作聰明，照他意思翻，雙雙大概在外地念書太久了，不熟悉我的話題，不像小無華總是跟在我身邊，平常耳濡目染，很快就能進入狀況。

碰到這些聽不懂、翻譯亂翻的時候，我會忍不住抱怨：「到底怎麼回事？」老劉堵我一句：「還不是跟妳開車、打電腦一樣。」聽得我很生氣，但事後想想，也對。許多事情的直覺、靈感，其實是經驗累積而來的。我不開車，沒有車感，不會判斷路況。不常做家事的人沒有手感，只會照著食譜一步一步做，有點狀況就手忙腳亂，要熟悉每種食材和水、火的互動並不是容易的事。

不熟悉水、火、食材，就從調味開始吧，酵素乳酪沙拉可以當作料理入門，再不熟悉廚房的人，也不會失敗。

（作法見頁149）

鮭魚沙拉

燻鮭魚是最好的食材，口感綿細，顏色漂亮，配什麼都出色。高級西餐廳還把鮭魚做成玫瑰花端上桌，真是秀色可餐。燻鮭魚是冷燻法做的，做起來很麻煩。先把鮭魚去皮骨，切薄片，在鹽水中浸泡八小時，入味後再燻。

冷燻法我們在家中絕對做不出來，因為主要有兩個密

閉空間，在一個空間裡燒松枝，留一個管子，把煙引到另一個空間。另一個空間裡放鮭魚片，用煙慢慢的把鮭魚燻出香味來。鮭魚的顏色也另有文章，野生鮭魚顏色鮮豔，養殖鮭魚肉色粉紅，看看標本，有時候顏色漂亮的鮭魚是染色的。所以買燻鮭魚的時候要小心，別買貴了。

鮭魚沙拉是我們家的名菜，每次請客第一道冷盤都是它。以前用魚露檸檬汁做淋醬，現在改用魚露配酵素，少一點酸味，多一點甜味，更受歡迎。（作法見頁150）

和風沙拉

吐司麵包或法國麵包烤熱了，抹上奶油，再撒一層細砂糖，我一口氣可以吃五、六片，配上一杯熱茶就是一頓，不豐盛，但是很滿足的早餐。烤麵包塗奶油撒細糖，我吃了四、五十年，口味不變。近年流行橄欖油配意大利醋做沾醬，起初不太適應，後來越嚼越有勁，尤其配法國麵包更是回味無窮。

在我記憶中沙拉也一樣，紅蘿蔔、馬鈴薯、小黃瓜加火腿切丁拌美乃滋，也吃了幾十年。近幾年才有各種口味各種食材的沙拉登場。吃過了各種口味，我最能接受的是和風醬。可能上了年紀，口味比較清淡，覺得美乃滋太膩，一般西式的沙拉醬偏酸。日本料理的小菜和沙拉都是精緻取勝，餐具很漂亮，食物舖陳得很漂亮，少少一點點，口味清淡，也很爽口。一味和風醬或者加些味醂適用所有的食材。

和風醬只用醋、柴魚醬油和橄欖油調製而成。反正酵素可以取代醬料裡的糖、醋、酒，現在調和風醬，只要柴魚醬油加酵素，其他的醋、糖、味醂都免了。（作法見頁151）

酵素四季豆

三十多年前皈依廣欽老和尚時，師父就告誡我要吃早

齋。原以為只要過了十一點，就可以吃葷了，我就拚命拗到十一點再吃東西。誰知又有同修說沒吃早飯不算，也就是說十一點以前要吃一頓素的早餐才叫吃早齋。我每天一大早起來，第一件事就是逛市場，每個攤商都很熟，這個拉那個喊的，米粉湯、麵線都是葷的，三兩天就破戒了。我解釋成時間還沒到，就放棄早齋這件事了。

第五章　酵素食譜

時間過得真快，一晃三十多年，現在我真的下定決心要吃早齋了。理由很簡單，我自己煮飯可以控制菜單，近幾年台美兩地跑，飛來飛去水土不服，腸胃都搞壞了，年紀也過了半百，要來好好調養一下身心靈，每天早上清粥小菜裹腹。

剛開始還好，時間久了怎麼吃來吃去都是蘿蔔豆腐，想想該變化一下。不知是頭腦鈍了還是怎樣，弄幾道涼拌菜只有小黃瓜、海帶、芹菜，變化實在太少，去逛一趟超市激發一些靈感吧。

看到彩色四季豆，白的紅的綠的紫的還真令人動心。美國一般家用的爐子火不夠旺，我最喜歡的乾煸四季豆每

次做出來都是濕的，好久都沒吃四季豆了，涼拌四季豆應該不錯吧！（作法見頁152）

酵素檸檬魚

我愛台北，台北的餐飲全球第一，世界各國的大菜小吃台北都有，而且最厲害的是不管哪國的料理，都去蕪存菁依照台北人的口味改良了。我們這些久居美國的台美人，有機會返台，一定不忘到一家美式餐飲連鎖店去大吃一頓，猜猜是哪一家，Pizza Hut，想不到吧？Pizza Hut把美式餐飲融合中國口味發揮到極致。如果你吃過美國的Pizza Hut你就會很想念台北的。

近幾年泰國菜在美流行，但是只有紅咖哩、綠咖哩，辣拌牛肉、檸檬魚都沒有。我真的很想念檸檬魚，如果你仔細體會一下檸檬魚和其他港式蒸魚的口感就會發現，港式蒸魚肉質細鬆，入口即化，檸檬魚肉質緊實有彈性，也不是魚種不同，也不是魚肉不新鮮，檸檬魚因為很酸，酸味有收斂作用，把魚肉收緊了。我在家做蝦做花枝都先用醋洗過，洗完就縮小一號。

泰式檸檬魚酸、辣、鹹，吃起來很刺激，加點糖，可以潤滑酸的澀味也調節鹹味，用酵素代替料酒剛好。學學台北的 Pizza Hut，自己在家裡做一道改良式檸檬魚。

蒸魚的學問最大，不能蒸老，也不能蒸不熟，要用大火蒸，時間不能太久，蒸好要燜幾分鐘才能開蓋子。（作法見頁153）

芥蘭牛肉

聽過紅酒配乳酪減肥嗎？聽起來好像這兩項都是增肥的食材，怎麼能減肥呢？根據最新的保健理論，牛肉、牛奶、乳酪中含有一種多元聯結飽和脂肪酸，可以把體內的壞脂肪排出體外。所以紅酒配乳酪減肥是乳酪的功勞。以前說牛肉是紅肉不宜多吃，現在反而說牛肉適合常吃。

第五章　酵素食譜

對於西方的保健理論，我一向不當真。因為西醫講求實證，聽起來很科學，其實時間短，案例少，許多理論今天說的過一陣子又被推翻。柏克萊的校友，最早提出維他命E的抗氧化功能，

還得了諾貝爾獎，最近柏克萊的醫學校刊已否定了維他命E的功能。前面的牛肉也是一例，還有大豆卵磷脂也有新的說法……這樣會讓人無所適從。中醫雖然是辨證，注重推理，但累積了五千年的經驗，雖不科學，但是可信。還好我的飲食一點都不科學，才沒有錯過許多美食。

現在可以放心大膽的吃牛肉（除非是宗教理由）。牛身上不同部位，切出來的牛肉種類很多，一般瘦肉都用來炒肉絲，因為纖維粗，所以很容易炒老，餐廳炒牛肉都有放小蘇打或嫩精，紅燒牛肉則放木瓜或鳳梨，目的都是為軟化牛肉。

吃過鳳梨炒牛肉嗎？肉質比較嫩，不會像吃木屑，用酵素醃牛肉也有同樣的效果，而且不一定配鳳梨，青蔥、青花菜、芥藍、酸菜都很好吃。（作法見頁154）

糖醋排骨

京都排骨、糖醋排骨、咕咾肉……都是把排骨炸得酥脆，淋上酸甜的醬料。這種又要燒又要炸費功費時的菜，我最懶得做。何況我做菜一向不用味精，不加蘇打粉、嫩精之類的化學添加物，炸排骨不是又老又硬就是還見血。除非我發大願多花許多工夫在砧肉上，把瘦肉又粗又硬的蛋白鍵砧斷，肉質變軟才做得出合格的炸排骨，所以這種菜只有上館子才吃。

大部分小孩子都喜歡這種酸酸甜甜的排骨肉，有時在家裡不得不應孩子要求勉強做一次。反正呼攏小孩子嘛，味道對了就可以，管他什麼口感。我把小排骨切成小塊泡在糖醋醬裡蒸熟，蒸好了再用糖醋醬拌油炸粉做裹衣，炸好了再用糖醋醬汁勾芡淋上去。小的時候孩子們只要對味就傻傻的吃，長大了再也不吃了。我當然知道，蒸熟了再炸的排骨第一口還可以，再吃就越咬口感越差。

有了酵素就天下太平了，不用放小蘇打，不用放嫩精，酵素裡的活菌就會分解破壞瘦肉裡蛋白鍵的分子，泡一天再炸，又入味口感又嫩。（作法見頁155）

酵素三杯雞

餐廳裡的三杯是怎麼做的？我們常吃到的三杯，無論有沒有放蒜頭或九層塔，都是乾乾的，湯汁很少。三杯是一杯醬油、一杯米酒、一杯麻油，單看材料就知道湯汁會很多，為什麼餐廳裡的三杯湯汁這麼少？我的三杯是向一位老饕級的老先生學的，不但有很多湯汁，而且不放蒜頭，不放九層塔，濃濃麻油香，淡淡肉香。

自從有了酵素，用酵素取代米酒，燉出來的三杯效果好極了。酵素有酒、有糖，還有醋。燉三杯時，醋發揮了提味的功能，燉好之後即功成身退。因為小火慢燉，燉好時酒、醋都已經揮發了，口味不酸，留下酒香。

慢火燉三杯要怎麼做呢?例如說你要燉三杯雞，材料準備好，先熱鍋，鍋熱了放麻油、薑片，油熱了再把雞放到炒鍋裡用中火炒，炒到雞肉的水分乾了。這時候要用聽的來判斷，有水時炒的聲音是滋滋聲，水乾了只剩油，聲音是啪啪的。這時熄火，再找一個燉鍋，把炒好的雞、醬油和酵素一起倒入燉鍋中，用一張鐵片放在爐子上，再放燉鍋，隔火用小火燉，大約燉一個小時左右，雞肉軟了再熄火。這樣燉出來的才是正統的三杯雞。

麻油、薑片的味道已經夠香了，不必再放蒜頭、九層塔畫蛇添足。熱天吃三杯雞，冷天吃三杯羊，但是豬肉、牛肉都不適合做三杯。三杯雞燉出來，有很多湯汁，可以拌飯、拌麵。（作法見頁156）

酵素燉豬腳

萬巒豬腳為什麼好吃，因為它把肥油都抽掉了，表皮只有膠質，不油膩，QQ的有嚼勁。但是你注意到瘦肉的部分嗎？是不是有點太乾了，像木屑？如果燉豬腳能夠皮Q肉不硬，裡外兼顧，豈不是太棒了！

用酵素燉豬腳就能達到這種神奇的效果。先把豬腳洗淨用滾水汆湯一下，然後放在一個乾淨的鍋裡。醬油和酵

素一比一混合，倒入鍋中，混合的醬汁淹過豬腳即可。把鍋子放到冰箱裡醃一夜。在醬汁裡泡一夜會比較入味，並且用酵素分解肥肉裡的脂肪，打斷瘦肉的蛋白鍵。簡單的說就是要達到入味、吸油、軟化肉質的功能。泡好後放一點蔥、薑，大火煮滾後小火慢燉。平常燉肉要三小時，酵素泡過一半的時間就夠了。

最好是用十字花科酵素，平常燉滷豬肉都要放花椒、八角，做十字花科酵素時也有放。十字花科植物的辛辣味

可以去腥，這樣各種調味料配得剛剛好，燉出來的豬腳皮軟肉糯，味道、口感都一流。（作法見頁157）

酵素豆瓣魚

年輕時候口味比較淡，不吃辣、不吃甜，也不吃太鹹。那時根本不吃川菜。不知什麼時候學會吃辣，口味也越吃越重，也愛上了川菜。記得敦化北路松基一村還沒改建時，有好多家家庭式的川菜，俗又大碗，一群酒肉朋友下了班就往那裡跑，吃得肚子鼓脹，打飽嗝還大呼過癮。

松基一村改建後，沒吃到正味的川菜已經很久了，何況現在大家注重養生，少油、少鹽、少味精，飲食也許健康精緻，卻少了當年的豪邁刺激。思念川菜的時候就呼朋引伴的去「蜀魚館」吃豆瓣魚，比起現在各餐廳自行改進的豆瓣魚，算是比較道地的。

於是我也來研究發展，做我的王氏豆瓣魚。豆瓣魚靠的是酒釀提香、提味，改用酵素也不錯。而且酒釀太甜，火候不到家就會有燒焦的味道，改用酵素在這方面就可以取巧了。（作法見頁158）

乳酪沙拉

材料

生菜一顆，胡蘿蔔半支，紫色紅洋蔥一個，乳酪粉一湯匙，酵素半杯。

做法

1 生菜洗淨再用冷開水沖一遍濾乾水分。
2 胡蘿蔔洗淨去皮刨絲。
3 洋蔥剝皮切丁。
4 先把生菜、胡蘿蔔、洋蔥丁拌在一起，放在盤子裡看看，擺得漂亮就好了。
5 乳酪粉和酵素拌和。
6 吃的時候再淋上適量的酵素乳酪醬。

小叮嚀：乳酪粉沒有特別要那一種，有鹹香味即可。生菜是主角，洋蔥、胡蘿蔔只是放好看。千萬不要自作聰明再放蕃茄、小黃瓜……其他的沙拉材料，那樣味道太複雜。吃的時候才要淋醬汁，否則菜會萎掉，不脆、不爽口、不好看。

鮭魚沙拉

材料

紅洋蔥一個，紅、綠、黃甜椒各半個，燻鮭魚五、六片。

酵素、魚露三比二的比例。

做法

1 紅洋蔥、甜椒切一公分寬二、三寸長粗絲。

2 鮭魚切二公分寬。

3 拌成漂亮的樣子，吃的時候淋上醬汁。

和風沙拉

材料

小黃瓜、胡蘿蔔、苜蓿芽、蕃茄。

和風醬三湯匙，酵素二湯匙，橄欖油一湯匙至一湯匙半。

做法

1 小黃瓜、胡蘿蔔切絲，蕃茄切片加苜蓿芽拌和淋上自製醬料。

酵素四季豆

材料

四季豆一斤，酵素五十毫升，鹽適量。

做法

1 四季豆洗淨，去頭尾，抽去兩側粗老纖維用鹽揉搓，然後在冰箱放一天。

2 用水把四季豆表面的鹽沖掉，放在廚房晾乾，把酵素拌入四季豆中，放冰箱保存一兩星期無礙。

酵素檸檬魚

材料

魚一條，十二兩以上一斤以下。

檸檬半個，蔥二支，薑三片，辣椒二、三支，酵素半杯，鹽一茶匙。

做法

1 魚放在酵素中浸泡半小時，兩面都要泡到。

2 燒一鍋滾水，把魚放盤中，鋪上蔥薑。

3 滾水大火蓋緊鍋蓋蒸八分鐘。

4 蒸好再燜八分鐘才能打開鍋蓋。

5 辣椒切碎，檸檬皮切碎。

6 酵素和檸檬汁煮滾，放辣椒、檸檬皮。

7 把魚身上的蔥、薑拿掉，蒸魚的湯汁濾掉。

8 酵素醬汁淋在魚身上。

小叮嚀：蒸魚的湯汁可加味噌、豆腐、紫菜、蔥花做味噌湯。

芥蘭牛肉

材料

芥蘭菜半斤，牛肉四兩。
醬油二湯匙，酵素半湯匙，地瓜粉適量，油三湯匙。

做法

1. 芥蘭洗淨，剝去老皮。
2. 牛肉切絲放入醬油酵素醬汁中。
3. 牛肉醃二小時以上，炒牛肉之前放少許地瓜粉抓一下。
4. 起油鍋，油熱放牛肉爆炒。
5. 牛肉外表燙熟後將牛肉盛起。
6. 把牛肉湯汁濾回鍋中。
7. 芥蘭放入鍋中大火快炒。
8. 芥蘭炒軟盛入盤中，牛肉鋪在芥蘭上。

小叮嚀：自己在家裡炒牛肉可以把湯汁濾回鍋中炒青菜。炒出來的菜色有點黑（醬油會染色）但比較入味，如果要做比較漂亮的菜色，就要炒好牛肉洗鍋另外熱油炒青菜。

糖醋排骨

材料

豬小排一斤，醬油和酵素一比一的比例調好，蔥二支，薑三片。

做法

1 小排骨切成半寸厚二寸長之肉塊。

2 蔥薑放入醬油酵素料中。

3 小排骨放入醬油酵素料中，醬料要淹過小排，浸泡一天。

4 泡過的小排瀝乾水分，放熱油中炸熟。

5 用一點廣東泡菜鋪底，把小排骨放在上面。

小叮嚀：關於油炸：醃好的小排骨可以裹濕麵糊再炸，也可以直接乾炸。開始用中火炸，把肉在油中泡熟，起鍋前改大火，把油分逼出來。

酵素三杯雞

材料

雞一隻約二斤重，切塊。

薑片七、八片，麻油、醬油、酵素各一杯。

做法

1. 起油鍋，油熱放薑片、雞塊，中火炒至水分收乾。
2. 把雞肉、酵素、醬油一同倒入燉鍋中。
3. 放一張鐵片在爐上。
4. 隔火慢燉一小時左右。

酵素燉豬腳

材料

十字花科酵素、醬油各一杯，蔥二至三支，薑三至五片。

做法

1 豬腳汆燙後放醬汁中泡一夜。
2 放蔥、薑，大火煮滾後改小火慢燉。
3 約一個半小時左右即燉透。

酵素豆瓣魚

材料

鯉魚、吳郭魚、尼羅河紅魚都可以，重十二至十四兩左右，先把兩面煎黃。

辣豆瓣醬二湯匙，薑屑、蒜屑一湯匙，醬油三湯匙，酵素二湯匙，水一杯，荸薺屑半杯，蔥一支切成蔥花，油三湯匙。

做法

1. 起油鍋，鍋熱放油。
2. 油熱把薑屑、蒜屑、荸薺放進去爆炒，然後放醬油、酵素和水煮滾。
3. 放魚改中小火，蓋上蓋子煮二分鐘，翻面再煮二分鐘。
4. 盛入盤中趁熱撒上蔥花。

第六章
酵素做醬料

醬料雖然是毫不起眼的小配角，卻也不容你忽略。主菜雖美味，少了醬料的搭配也黯然失色，精采的醬料畫龍點睛，讓主菜更勾魂。

例如油炸食物沾些醬料可以化解油膩，白灼的料理沾了醬料讓你嚐到食物原味的同時也享受到不同口味，有時苦後回甘，有時會讓你酸得流口水，甚至辣得滿頭大汗，或酸甜苦辣五味俱全，百味雜陳……還有多層次的口感，有時膠黏、有時清爽、有時圓潤、有時滑溜。好滋味的醬料讓你念念不忘，百吃不厭。

現在教你用酵素做醬料的祕技，調出你的獨門配方，保證成為烹調高手，一出招就能驚動武林，轟動萬教。

酵素配味噌

新鮮的蝦、花枝、螃蟹、鮑魚、虱目魚……為了吃原味，白水燙熟就好，搭配味噌有說不出的美味。

做法

酵素三湯匙，味噌一湯匙拌勻，切一點薑末，加幾滴香麻油。

酵素配 蒜泥

豬肉、牛肉、羊肉都有腥味，水煮白切也多以較肥的肉為主，雖然好吃，但也油膩，豬肉中的三層肉、牛肉中的牛腩或羊肉中的羊腩，吃起來口感很順，配蒜泥是最好的去腥方式。一般醬油膏配蒜泥雖然不錯，但口味單調，試試加點酵素，保證不腥不油膩。

做法

酵素一湯匙，醬油膏一湯匙至二湯匙，蒜泥一茶匙，充分混合拌勻。

酵素配蕃茄

原味的玉米脆片是烤脆而不是油炸的，算是比較健康的點心，可以配酪梨醬、酸奶和沙拉醬吃，自己做莎莎醬的時候摻一點酵素會更健康。

做法

蕃茄二個，用滾水燙一下剝皮切丁，洋蔥一個切丁，巴西利（意大利香菜）切碎約四、五枝，小茴香苗約二、三枝切碎，上述材料加二湯匙酵素拌勻。

小叮嚀：如果嫌味淡可以加一點鹽，不過我的口味不加鹽就可以了。

酵素配蕃茄醬

小孩子吃炸薯條、薯餅、熱狗，喜歡配蕃茄醬，有些蕃茄醬太酸，加點酵素吃起來美味又健康。

做法

一湯匙酵素配二湯匙蕃茄醬，充分混合。

酵素配魚排

新鮮的炸魚排脆、酥、香嫩，已經很好吃了，有些人喜歡沾胡椒鹽，有人沾甜辣醬，講究一點的用橘子醬，不過可以試試沾酵素，有酸有甜，很不錯的，如果喜歡吃辣就切一支生辣椒。

做法

酵素三湯匙，生辣椒切段，泡入酵素中三、五分鐘即成。

酵素配醬油

其實這是最簡單的醬汁，可以淋在生山藥絲、燙山葵和燙韭菜上面。這三種小菜都是淋一些醬油，加點醋、糖，直接用酵素混在醬油裡，就不用再放糖和醋。

做法

喜甜酸的人可用酵素、醬油一比一。喜鹹味的人酵素少一點，醬油多一點，酵素、醬油一比三。

酵素配甜辣醬

自從名法醫楊日松說他青春不老的祕方是常吃生腸，生腸就在中年婦女的飲食中流行起來。生腸是豬子宮加卵巢，有很豐富的荷爾蒙，但也有一股腥味。一般小吃攤就是用甜辣醬拌少許蒜泥做沾醬，加上酵素口味更佳。

做法

甜辣醬一匙、酵素一匙、蒜泥適量，三項材料混合拌勻。

酵素配 青蒜、香菜

一般的黑白切都是用醬油膏，撒點蔥花或蒜泥、薑絲做沾醬。但是我吃到一家用醬油、糖、醋加青蒜苗、香菜做的沾醬，改用酵素可省掉糖、醋。搭配油豆腐、大腸、豬肝連、粉腸都很棒。

做法

酵素、醬油一比二，青蒜苗、香菜切碎拌入。

酵素配 蘿蔔泥

日式炸物喜歡用蘿蔔泥配有甜味的和風醬油，改用酵素取代甜醬油，去油膩的效果更好，可沾食炸蔬菜、炸芋頭、炸蝦等，不妨試試看。

做法

酵素二湯匙，蘿蔔泥一茶匙。

酵素配九層塔

越式口味是以酸、辣、甜為基調，炸春捲、甘蔗蝦的沾醬有酸有甜，不辣，口味極淡，大概是為了迎合小孩子的口味。其實不用花工夫調糖醋醬，酵素加水稀釋即成。

做法

九層塔葉二、三片切碎，酵素二湯匙，水一湯匙，撒入九層塔碎葉。

酵素配美乃滋

日式美乃滋醬太甜，有些人會加些蕃茄醬，增加一點酸味，其實加酵素也不錯。把高麗菜葉子切碎，上桌時拌入酵素配美乃滋醬，就是一道爽口小菜。

做法

酵素一茶匙，美乃滋一湯匙，充分攪和。

酵素配沙茶醬

沙茶醬是火鍋的主角，口味重的可以加一點醬油，再放一個蛋黃降火氣，配上一湯匙酵素，口味更有變化，也有助消化。

做法

沙茶醬一湯匙，酵素一湯匙，醬油半湯匙，生蛋黃一個，蛋黃打散拌勻。

酵素配芝麻醬

芝麻醬、醬油、糖、醋隨自己口味調配，搭入涼麵中清爽可口，用酵素取代糖醋，美味不減，簡單又省事。

做法

芝麻醬用油調開，芝麻醬一湯匙，酵素、醬油各一湯匙。

酵素配芥末醬

如果吃芥末嗆到了怎麼辦？有人會用手輕搥頭頂，但我看是不怎麼有用。僅管吃得涕泗縱橫，生魚片、水煮蝦、燙魷魚的沾醬還是少不了芥末，除了搭配醬油、薑絲，加點酵素更能提味。

做法

一小塊芥末，酵素、醬油各一湯匙，把芥末調開，切點薑絲放入醬汁中。

Magic 10

開運魔法釀——自製蔬果益生酵素

作　　者　王莉民
總 編 輯　初安民
責任編輯　陳思妤
美術編輯　張薰芳
校　　對　陳思妤　王莉民

發 行 人　張書銘
出　　版　INK 印刻出版有限公司
台北縣中和市中正路 800 號 13 樓之 3
電話：02-22281626
傳真：02-22281598
e-mail: ink.book@msa.hinet.net
網　　址　舒讀網 http://www.sudu.cc

法律顧問　漢廷法律事務所
劉大正律師
總 代 理　展智文化事業股份有限公司
電話：02-22533362・22535856
傳真：02-22518350
郵政劃撥　19000691 成陽出版股份有限公司
印　　刷　海王印刷事業股份有限公司

出版日期　2007 年 4 月　初版
2007 年 4 月 10 日　初版二刷
ISBN　978-986-6873-06-5

定價　180 元

國家圖書館出版品預行編目資料

開運魔法釀——自製蔬果益生酵素／
王莉民 著.--初版，
--臺北縣中和市：INK 印刻，
2007〔民96〕面；　公分（Magic；10）
ISBN 978-986-6873-06-5（平裝）

1.酵素　2.食物治療　3.食譜

399.74　　96000511

INK INK INK INK INK
INK INK INK INK INK INK
INK INK INK INK INK
INK INK INK INK INK INK
INK INK INK INK INK
INK INK INK INK INK INK
INK INK INK INK INK
INK INK INK INK INK INK
INK INK INK INK INK
INK INK INK INK INK INK
INK INK INK INK INK
INK INK INK INK INK INK
INK INK INK INK INK
INK INK INK INK INK INK
INK INK INK INK INK
INK INK INK INK INK INK
INK INK INK INK INK
INK INK INK INK INK INK
INK INK INK INK INK
INK INK INK INK INK INK
INK INK INK INK INK
INK INK INK INK INK INK
INK INK INK INK INK
INK INK INK INK INK INK